《日本語版凡例》
- 原書のデザインを活かし、各ページの図譜番号（planche）と個別の図版番号（fig.）は原書のままとしました。
- 各植物名や分類名等の訳語は、原書の学名をもとに、日本で一般によく知られている名称を選びました。
- 本文中における、原書出版国であるフランスやヨーロッパ固有の記述については、一部割愛あるいは変更して、日本語版の読者の便を図りました。
- 〔　〕は訳注を示します。

Original title: Inventaire illustré des fruits et legumes
©2010, Albin Michel Jeunesse
Japanese translation rights arranged with LES EDITIONS ALBIN MICHEL through Japan UNI Agency, Inc., Tokyo

観察が楽しくなる　美しいイラスト自然図鑑
──野菜と果実編

2017年11月20日第1版第1刷　発行

著　者	ヴィルジニー・アラジディ
挿　画	エマニュエル・チュクリエル
訳　者	泉　恭子
発行者	矢部敬一
発行所	株式会社 創元社

http://www.sogensha.co.jp/
本社　〒541-0047 大阪市中央区淡路町4-3-6
Tel.06-6231-9010　Fax.06-6233-3111
東京支店　〒162-0825 東京都新宿区神楽坂4-3 煉瓦塔ビル
Tel.03-3269-1051

組版・装丁　寺村隆史

©2017 Kyoko IZUMI, Printed in China
ISBN978-4-422-40026-6 C0340

本書を無断で複写・複製することを禁じます。
落丁・乱丁のときはお取り替えいたします。

JCOPY　〈出版者著作権管理機構 委託出版物〉
本書の無断複写は著作権法上での例外を除き禁じられています。複写される場合は、そのつど事前に、出版者著作権管理機構（電話 03-3513-6969、FAX03-3513-6979、e-mail: info@jcopy.or.jp）の許諾を得てください。

観察が楽しくなる
美しいイラスト
自然図鑑
Inventaire illustré des fruits et légumes

野菜と果実編

ヴィルジニー・アラジディ［著］　エマニュエル・チュクリエル［画］

泉 恭子［訳］

創元社

はじめに

植物の世界へようこそ！

この本では、食べられる植物を紹介します。わたし達は、植物の果実や根、塊茎〔養分をたくわえてふくらんだ茎〕、球根、茎、葉、種、そして時には花の部分を食べています。この本では、目で見て楽しいように、果物と野菜を色合いで分けて、あわせて紹介していきます。

「果実」という言葉は、植物学の定義にそって用いています。「果実」とは、花のめしべが受精後に形を変えてできた器官のことです。めしべは花のメスの生殖器官で、1つまたはいくつかの子房を持ち、それぞれの子房には、1つからいくつかの胚珠があります。胚珠が受精するには、同じ花の、あるいは別の花のおしべの花粉が、めしべにつく必要があります。花粉は風で運ばれたり、生物（昆虫であることが多い）によって運ばれたりして、受粉が行われます。受粉は、果実ができるのにとても重要な過程です。受精後、胚珠は種子となり、果実は種子をしっかり保護します。

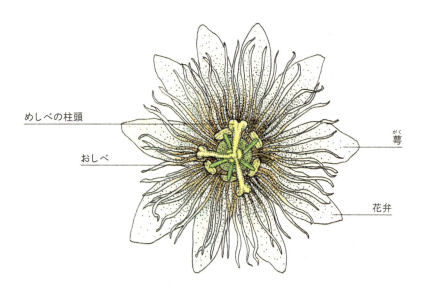

「野菜」という言葉は、料理用語です。たとえばトマトやナスは植物学上では果実ですが、野菜として塩で味つけされて食べられます。

果実としては、核果（種を包んでいる核と呼ばれるかたい部分を持つ果実）、漿果（核はないが、1つあるいは複数の種を持つ果実）、堅果（クルミのようにかたい殻の果実）、柑橘類（ミカンのなかま）などを紹介します。野菜としては、乾燥させた豆類や青物野菜、ジャガイモのような塊茎を取り上げます。

もとの植物に手のこんだ加工をした食品もあります。チャノキの葉やコーヒーの木の果実、カカオの木の果実は、加工や調理といった重要な工程を経て初めて、お茶やコーヒー、チョコレートになるのです。

いくぶん変わり種の食用植物、海藻類も紹介しています。海藻類は陸上に根を張ってはいませんが、海底に定着して生息しています。

この図鑑には100以上の野菜と果物を収録していますが、最後には、とてもおいしいけれどあやしい存在、キノコ類を紹介します。実はキノコは植物界には属していません。生物学上は別のカテゴリー、菌界に属しているのです。

地上にある自然の産物には、自生しているものもあれば、農家の人や園芸家が作物を選んで育てているものもありますが、それらすべてのおかげで、食事が豊かなものになっています。時と場合に応じて火を通したり生で食べたりしながら、生物の多様性を支える食用植物の豊かな世界を感じてください。

エマニュエル・チュクリエルは科学的なデッサンに長けた挿絵画家で、製図用のペンで線画をえがき、水彩をほどこして、果実や野菜の立体感や組織を正確にえがいています。庭やマルシェに足を運び、野菜や果物の香り、味わいをあちこちでじっくり観察し、形をスケッチすることで本質もえがき出すのです。

ほら、なんだかいい香りがしてくるでしょ！　遠慮なく味わいましょう！

著者　ヴィルジニー・アラジディ

※果実や野菜、動物をえがくにあたっては、色彩と触感を正確に再現するようつとめましたが、大きさについては見やすさを優先しました。また、果樹と植物は学名を表記しましたが、果実の学名は表記していません。

メロン
メロンの果実
Cucumis melo

カボチャやキュウリと同じ、ウリ科の植物。つるは放っておくと地面をはってのびるが、支柱を立ててやると、らせん状の巻きひげを支柱に巻きつけながら、上方にのびていく。果実はあまく、強い香りを放つ。中にはたくさんの種が入っている。

ミツバチ

— *planche 1* —

アンズ
アンズの木の果実
Prunus armeniaca

皮はすべすべしていて、実の中には木質の核が1つある。その中に種が1つ入っていて、これは「仁」と呼ばれている。アンズジャムを作る時、1kgのアンズに仁を1つ加えると、とても良い香りがするようになる。

— *planche 3* —

タマネギ
タマネギの球根
Allium cepa

タマネギの球根は地中で育つ。肉厚の皮が何層も重なって、タマネギができる。これは、葉が根元のところで何枚も分厚くくっつきあったもので、葉同士がおたがいを包みこんでいる。タマネギを切ると、硫化アリルという成分が発散され、その結果涙がでる。

— *planche 4* —

fig. 1
ペポカボチャ
Cucurbita pepo

— *planche 5* —

fig. 2
ジローモンカボチャ
（トルコ帽カボチャ）
Cucurbita maxima

fig. 3
セイヨウカボチャ
（赤皮栗カボチャ）
Cucurbita maxima

fig. 4
セイヨウカボチャ
Cucurbita maxima

カボチャ

同じ「カボチャ」という名で呼ばれているものの、実はそれぞれ異なる植物の果実

ウリ科のいろいろな種

地面をはう、つるに実がなる。実にはあまみがあり、スープにしたり、タルトにしたり、ジャムにするほか、種から油をしぼることもできる。もとは同じ種のカボチャが、いろいろな形をとってちがう種に見えるケースもある。

マンダリンオレンジ

マンダリンの木の果実

Citrus reticulata

柑橘類。皮はうすく、果肉はあまくて少し酸味がある。果肉には種が入っている。

クレマンティーヌ

クレマンティーヌの木の果実

Citrus clementina または *Citrus reticulata*

種なし（あるいはほとんど種なし）の柑橘類。これがマンダリンとほかの柑橘類の交雑種なのか、それとももともとあるマンダリンの一種なのかはまだよくわかっていない。クレマンティーヌという名前は、この柑橘類を1892年に見つけた、クレマン神父の名にちなんだもの。種があるマンダリンに代わって人気となった。

— *planche 6* —

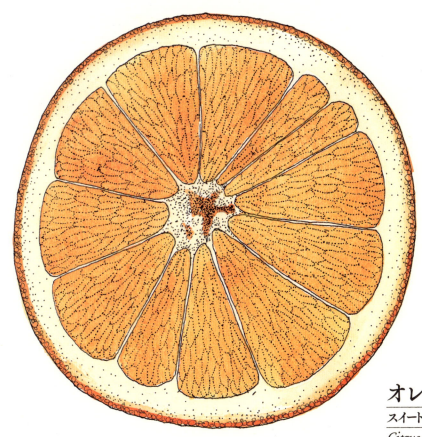

オレンジ
スイートオレンジの木の果実
Citrus sinensis

あまずっぱい味の漿果(しょうか)で、だいたい10くらいの房(ふさ)にわかれている。種ありのものも、種なしのものもある。オレンジの果実のような橙(だいだい)色が、後にオレンジ色とよばれることとなった。

— *planche 7* —

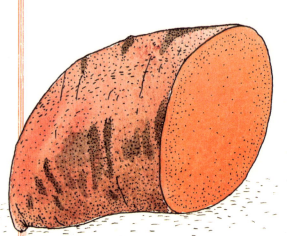
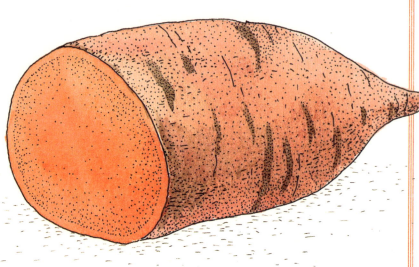

サツマイモ
サツマイモの塊茎
Ipomoea batatas

皮はうすく、色は白から茶色がかった紫色までバラエティに富む。皮の中身はオレンジがかった色か、白っぽい色をしている。ジャガイモと同じく、塊茎（植物の栄養をたくわえる器官でふくらんだ形をしている）で、デンプンを多くふくむ。味はジャガイモよりあまく、主にアフリカやアジア、太平洋の島々で食べられている。

— *planche 8* —

パパイア
パパイアの木の果実
Carica papaya

まだ熟していない青いパパイアは、野菜として食べられる。熟すと実の全体がオレンジ色に変わる。食べる時は、皮をむいて、小さな黒真珠に似た種をとりのぞく。

レユニオンノビタキ

— planche 9 —

カキ
カキの木の果実
Diospyros kaki

おそらく数千種類のカキが存在すると言われている。カキの実は、きちんと熟した時に食べることが大切である。熟す前だとしぶみがあり、完全に熟すとおいしいが、いったん熟すとその後はあっという間にくさってしまう。ちょうどいい時に当たるのは、なかなかに難しい。

— *planche 10* —

トマト
トマトの果実
Lycopersicon esculentum

現在は野菜として食べられているが、かつては「ポム・ダムール」（愛のリンゴ）あるいは「ポム・ドール」（金のリンゴ）と呼ばれ、アンデスから持ち帰られた美しい装飾的な植物として、もっぱら観賞用だった。というのも毒があると思われていたからである。今日ではとても多くの種類、さまざまな形や色、大きさのものがたくさん出回っている。

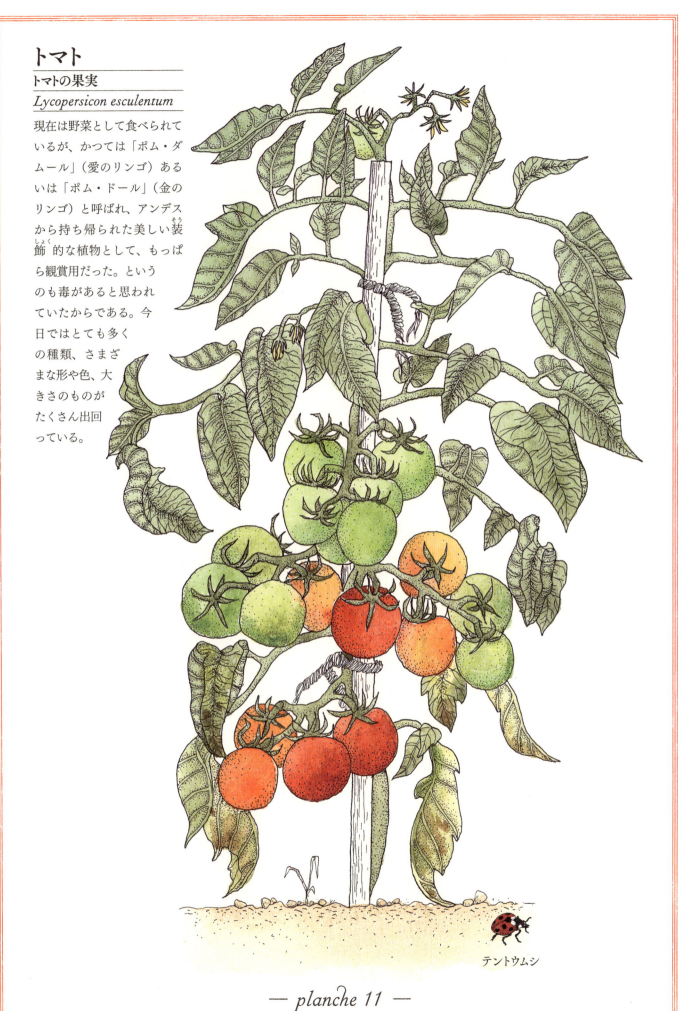

テントウムシ

— *planche 11* —

コーヒー
コーヒーの木の種
Coffea（コーヒー属）

実ははじめは緑色で、6ヶ月から1年かけて黄色くなり、その後、真っ赤になる。真っ赤になった実は「コーヒーの木のさくらんぼ」とも呼ばれる。実には白っぽい色の種が2つ入っていて、それがコーヒー豆である。赤い実を摘んで、それにいろいろな処置をして種を取り出し乾燥させると、灰色がかった緑色になる。その種をあぶる（焙煎する）と、体積は倍に、色は茶色になる。あぶって良い香りがしてきたら、焙煎ができたということである。焙煎したコーヒー豆を挽くと、コーヒーの粉ができる。

— *planche 12* —

ピーマン
ピーマンの果実
Capsicum annuum

トウガラシ属の植物には、いろいろな変種がある。「ピーマン」と呼ばれるあまいものもあれば、トウガラシと呼ばれる、からい果実をつけるものもある。ピーマンの実は中がからっぽで、とても小さな種が入っている。色は種類や完熟度合いによってさまざまだが、一般的には緑色から黄色、次にオレンジ色、完熟すると赤くなる。

— planche 13 —

ラズベリー（セイヨウキイチゴ）
ラズベリーの木の果実
Rubus idaeus

ラズベリーは、じつは複雑な構造をしている。毛の生えたとても小さな実がおよそ40個集まって1つの実ができている。そして、この一粒一粒の小さな実は、1つの花の中にある、たくさんのめしべ一つ一つからできたものである。

イチゴ
イチゴの果実
Fragaria（オランダイチゴ属）

私たちがふだんイチゴの実と呼んでいるものは、じつは果実ではない。本当の果実は花のめしべからできる、「痩果（そうか）」と呼ばれるたくさんの種で、イチゴの表面に見える粒々（つぶつぶ）である。香りがよくジューシーであまいイチゴは、600種類以上あるとされる（ガリゲットイチゴ、シフロレットイチゴなどなど）。

— *planche 14* —

フサスグリ
フサスグリの木の果実
Ribes rubrum

レッドカラントあるいはグロセイユとも呼ばれる酸味のある漿果(しょうか)。赤色をしたものが主だが、ピンク色や白いものもある。小さな房(ふさ)をつけ、それに鳥や昆虫(こんちゅう)が寄ってくる。

トンボ

— *planche 15* —

サクランボ
サクラの木の果実
Prunus cerasus と *Prunus avium*

核果の小さな果実で、花梗〔花をつける柄〕と呼ばれる長い軸の先にくっついている。ほとんどのサクランボは熟すとあまいが、例えばモレロのように、酸っぱい種類もある。サクラの木1本から、平均して1年に20kgから50kgのサクランボがとれる。

クロツグミ

— *planche 16* —

香辛料（スパイス）

fig. 1

コショウ
コショウの木の果実
Piper nigrum

コショウの実は漿果である。収穫時期や保存方法、加工のしかたによって、さまざまな色のコショウができる。

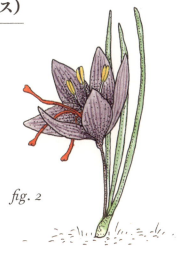

fig. 2

サフラン
サフランの花
Crocus sativus

花のめしべの先端部分にある、オレンジがかった赤色をした3本の花柱を乾燥させて、料理の色づけに使う。

fig. 3

キダチトウガラシ
キダチトウガラシの果実
Capsicum frutescens

とてもからいので、食べると口の中にやけどのような痛みが走ることがあるが、牛乳を飲むと痛みがやわらぐ。

fig. 4

ピンクペッパー
サンショウモドキの果実
Schinus terebinthifolius

ピンクペッパーと呼ばれているが、コショウからとれるものではない。

— *planche 17* —

グレープフルーツ
グレープフルーツの木の果実
Citrus xparadisi

房状に実をつける。皮は分厚く、黄色またはピンクのまだら模様で、果肉は少し苦い味がする。ブンタン（文旦）とまちがわれることがあるが、ブンタンの方が実が大きく酸味も苦味も強い。グレープフルーツはブンタンとスイートオレンジの木が交配してできたものであるため、まちがわれやすい。

— *planche 18* —

モモ
モモの木の果実
Prunus persica

果実の中に核がある核果。ツバキモモやネクタリンの皮はすべすべしているのに対し、モモの皮には産毛がたくさん生えている。2500年前にはすでに、中国に存在していた。今では、黄色や白、ピンクなどさまざまな色をしたモモがあり、形も丸いものや平べったいものなど多様である。

— *planche 19* —

スイカ

スイカの果実

Citrullus lanatus

とても大きな漿果(しょうか)で、球状のものや楕円形(だえん)のものがあり、一般的には実の中にたくさん種がある。カボチャやメロンと同じウリ科の植物。中身の90％が水分であるため、カロリーはほとんどなく、口にするとのどの渇(かわ)きがいやされる。古代エジプトですでに栽培(さいばい)されていた。

— *planche 20* —

ラディッシュ
ラディッシュの根
Raphanus sativus

水をあまりやらずに栽培すると、水をたっぷりあたえた時に比べて味が濃くなる。さまざまなタイプがあり、小さくて赤い色をしたもの、丸いもの、細長いもの、クロダイコンやダイコンのように大きなものもある。なおダイコンは白色。

— *planche 21* —

ライチ（レイシ）
ライチの木の果実
Litchi chinensis

ライチの実はかたくてぶつぶつした皮でおおわれており、熟すと赤くなる。皮をむくと中には種が１つあり、その外側の、白くてふっくらした果肉の部分を食べる。中心部の茶色い部分は毒があるので食べずに残す。

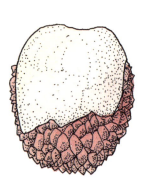

— *planche 22* —

食用の海藻類

赤い海藻である紅藻を２つ、茶色の褐藻を１つ、緑色の緑藻を１つ紹介する。

fig. 1

ノリ
Pyropia（アマノリ属）

最もよく食べられている海藻。紅藻である。揚げたり、ピューレにしたり、煮出したりして食べられるほか、寿司によく使われる。乾燥させると黒くなる。

fig. 2

カラフトコンブ
Laminaria saccharina

褐藻で、カットして乾燥させたものが売られている。ソースに使ったり薬味にしたりする。

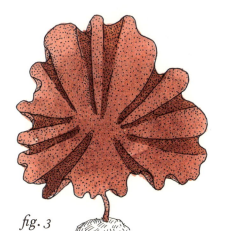

fig. 3

ダルス
Palmaria palmata

紅藻であまい味がする。生だとカリカリした食感だが、少し調理するととろける。

カニ

fig. 4

オオバアオサ（シーレタス）
Ulva lactuca

緑藻で味も見た目もレタスに似ているため、シーレタス（海のレタス）と呼ばれている。

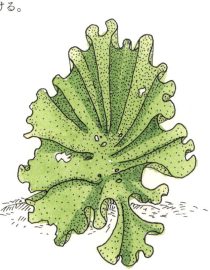

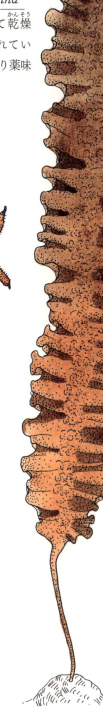

— *planche 23* —

イチジク
イチジクの木の果序
Ficus carica

熟すと肉づきのよい皮でおおわれ、その中に小さな種がたくさん入っている。この種が、じつはイチジクの果実で、種の一つ一つは、とても小さな花が変化してできたもの。

オオガタホウケン
オオガタホウケンの果実
Opuntia ficus-indica

オオガタホウケン（大型宝剣）はウチワサボテンの一種で、楕円形で平べったい形がウチワに似ているためこう呼ばれる。果実は巨大で肉づきのよい漿果で、通常はトゲがあるが、トゲのないものもあり、こちらの方が収穫しやすい。

— *planche 24* —

マンゴー
マンゴーの木の果実
Mangifera indica

木の枝から長い柄(え)がのび、果実はその先にぶら下がって実る。長くて平べったい種が実の中にあり、果肉から種を取り外すのはなかなか難しい。あまくておいしく、いろいろなビタミンがたっぷり入っている。

ヤモリ

— *planche 25* —

ザクロ
ザクロの木の果実
Punica granatum

丸い形をした漿果(しょうか)で、皮はかたい。熟した実を軽くたたくと、金属的な音がする。ルビー色した種が中にたくさんあり、水々しい果肉に包まれている。この種の部分を食べる。かつてはグレナデンシロップをザクロから作っていた。

パッションフルーツ
食用パッションフルーツの果実
Passiflora edulis

パッションフルーツ(クダモノトケイソウ)の実は、カリカリした種の部分とその種の周りのみずみずしい果肉の部分を食べる。

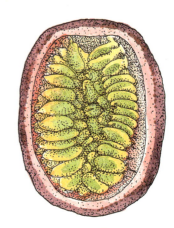

— *planche 26* —

ビート
ビートの根
Beta vulgaris

根をとるために栽培され、火を通して根を食べる。おしつぶして乾燥させると食用の着色料をとることができる。ベタニンという名の着色料E162は「ビート赤」と呼ばれている。

— planche 27 —

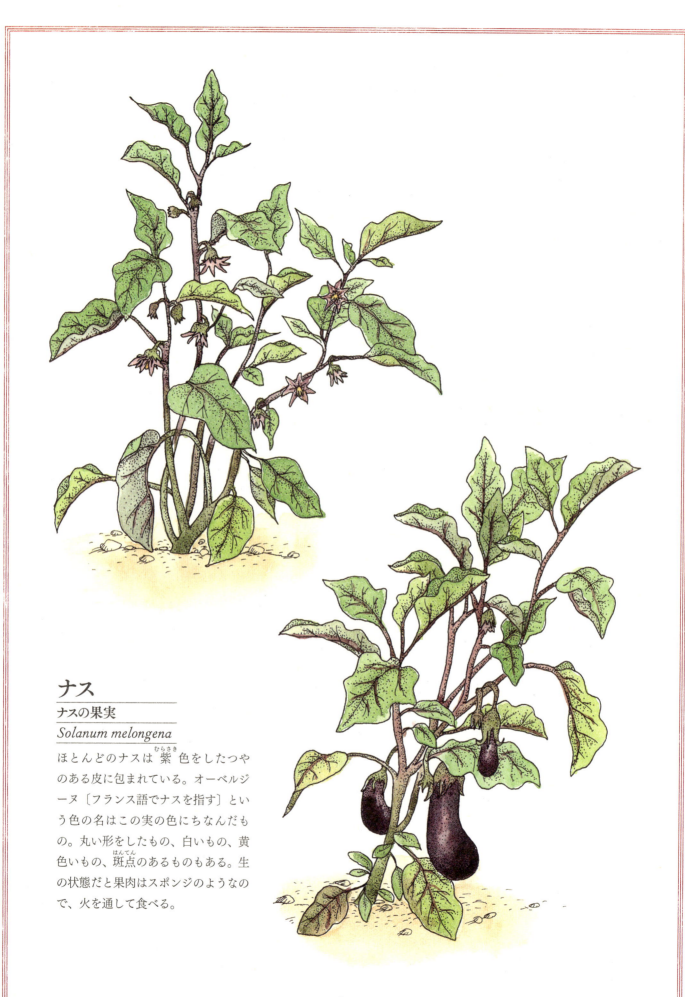

ナス

ナスの果実

Solanum melongena

ほとんどのナスは 紫(むらさき)色をしたつやのある皮に包まれている。オーベルジーヌ〔フランス語でナスを指す〕という色の名はこの実の色にちなんだもの。丸い形をしたもの、白いもの、黄色いもの、斑点(はんてん)のあるものもある。生の状態だと果肉はスポンジのようなので、火を通して食べる。

— *planche 28* —

モグラ

カブ
カブの根
Brassica rapa

肉づきのよい根で、白いもの、ピンク色のもの、うすい黄色のものなどがある。あまり味がしないが、火を通したり、生で千切りにして食べたりする。日本でも古代から栽培されていた。

— planche 29 —

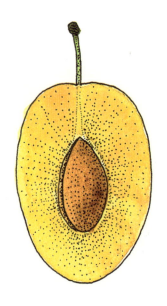

プルーン（セイヨウスモモ）

プルーンの木の果実

Prunus domestica

プルーンにはいろいろな種類があるが、最もよく知られているのは、つやつやしなめらかな 紫(むらさき) 色の肌(はだ)で、細長い形のとても大きいプルーンである。果肉は黄色くてあまい。

— *planche 30* —

ビルベリー
ビルベリーの木の果実
Vaccinium myrtillus

ヨーロッパに自生している果実。環境に配慮して絶滅種を出さないように注意が必要。はじめは緑色をした小さな漿果で、熟すにつれて紫、黒と色を変える。葉がツルツルと光る低木。その木に実がなる。販売されているものは北米原産の栽培種で種が異なり、果実は自生しているものより大きい。

— *planche 31* —

オリーブ
オリーブの木の果実
Olea europaea

緑色のオリーブは実が熟す前に摘み取られたもの、黒いオリーブはよく熟したもの。古代から地中海沿岸地域のいたるところで栽培されており、オリーブの実もそれから作られるオリーブオイルも健康に良いことで有名である。

— planche 32 —

ブラックベリー（セイヨウヤブイチゴ）
ブラックベリーの木の果実
Rubus fruticosus

ラズベリーと同じく、ブラックベリーの果実も、とても小さな実の集合体である。栽培されているが、自生しているものもある。自生のものを摘みとる時はトゲがあるので要注意！

チョウ

カシス（クロスグリ）
カシスの木の果実
Ribes nigrum

黒っぽい紫色をした漿果で少し酸っぱい味がする。花のなごりの部分が実のてっぺんについている。

— *planche 33* —

キャベツ
キャベツの葉
Brassica oleracea

一般的なキャベツは葉と葉の間の茎の部分がとても短いため、すべての葉がぎっしり詰まって1つの大きな玉になる（結球）。この形から「頭」や「リンゴ」と呼ばれたりする。

カリフラワー
カリフラワーの花蕾
Brassica oleracea

カリフラワーの「頭」の部分は、びっしり詰まった小さな茎がいくつも集まってできており、白か緑色をしている。花蕾〔花のつぼみの部分〕を食べる。つぼみの時に収穫しないで放っておくと、成長して房状の花となるので、咲く前に収穫する。

— *planche 34* —

アーティチョーク（チョウセンアザミ）

アーティチョークの頭状花
Cynara scolymus

頭状花の部分をアーティチョークとして食べる。味はまろやか。小さな花がびっしり詰まって集まり、それが苞（つぼみを包んでいる葉）で囲まれている。花がまだつぼみのうちに食べる。

ゴシキヒワ

— *planche 35* —

リーキ（ポロネギ）
リーキの葉
Allium porrum

長い葉が何枚もおたがいくっつき合っていて、幹の根元の部分では中身がびっしり詰まって円筒状になっている。地上に出ている緑色の部分も、地中にある白い幹の部分も食べられる。白い幹の部分のほうがやさしい味がする。

— planche 36 —

アボカド
アボカドの木の果実
Persea americana

大きな 漿 果。果肉はねっとりしていて、中に種
が1つある（核はない）。樹上では熟さないので、
固いもの（若くて新鮮なアボカドのしるし）を購
入 し、家に置いておいて熟してから食べる。

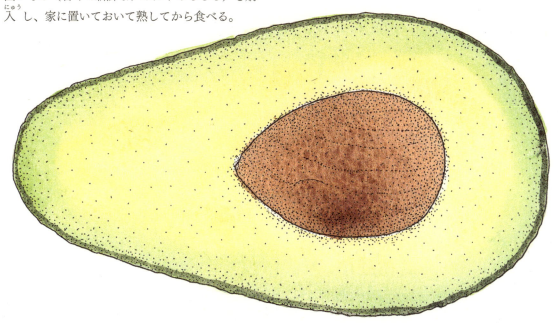

— *planche 37* —

レンズマメ

レンズマメの種

Lens culinaris

30センチから40センチの高さに成長する。白い花をつけ、その後さやの形をした小さな実ができる（実が熟すとさやが2つに分かれて開く）。1つのさやに丸くて平べったい種が2つ入っている。種の色は緑や黄色、茶色、オレンジ色である。

— *planche 38* —

サラダ菜

さまざまな野菜や葉物野菜の葉。緑色であることがほとんどだが、たまに白いものもある（びっしり詰まって結球しているサラダ菜のしんの部分は白い葉である）。「サラダ」という言葉はラテン語のsalに由来しているが、これは塩を意味していて、サラダ菜を塩味で食べることからこの名がついた。

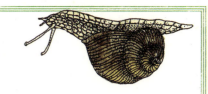

fig. 1

ノヂシャ
Valerianella locusta と *Valerianella eriocarpa*

fig. 2

レタス
Lactuca sativa

カタツムリ

fig. 3

セイヨウタンポポ
Taraxacum officinale

— *planche 39* —

45

ヒヨコ

ホウレンソウ
ホウレンソウの葉
Spinacia oleracea

ホウレンソウをたくさん収穫するには、定期的に葉を切る必要がある。葉を切ると、その後すぐにやわらかい若葉が出てくる。

— *planche 40* —

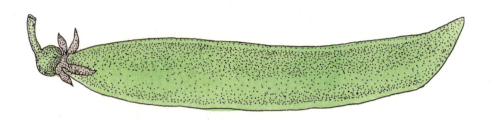

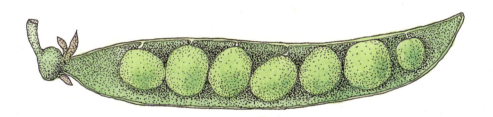

グリーンピース
エンドウの若い種

Pisum sativum

熟す前に収穫され、新鮮な状態で食べられるやわらかいエンドウの種を一般的に「グリーンピース」と言う。乾燥させたエンドウは「二つ割りエンドウ」と呼ばれ、こちらも食べられる。エンドウの実（さや）1つに、2個から10個の種が入っている。

テントウムシ

— planche 41 —

キウイフルーツ
キウイの木の果実
Actinidia deliciosa と *Actinidia chinensis*

キウイフルーツは、つるの先に実り、実の中にはたくさん種がある。ビタミン豊富で、同じ重さのオレンジのほぼ2倍のビタミンCを含む。中国原産だが、栽培は20世紀にニュージーランドで広がった。「キーウィ」という言葉はマオリ語で、ニュージーランドのシンボルである鳥「キーウィ」を意味する。

キーウィ

— planche 42 —

コーニッションとキュウリ

コーニッションとキュウリのさまざまな果実
Cucumis sativus

コーニッションもキュウリも、ウリ科の同じ植物の果実。栽培_{さいばい}方法のちがいによって、小さくておおむねトゲのあるものが「コーニッション」、大きいものが「キュウリ」と呼ばれる。コーニッションはだいたい、ピクルス（酢_す漬け）にして貯蔵される。

アリ

— planche 43 —

インゲンマメ
インゲンマメの果実と種
Phaseolus vulgaris

南米先住民が古くから栽培していた。食べ方には2つある。一つは「サヤインゲン」とよばれる果実をさやごと食べる方法。まだ熟さないうちに摘みとるととてもやわらかい。もう一つは種を食べる方法でインゲンマメとしてさやの中の種を食べる。

ホシカメムシ

— planche 44 —

ズッキーニ
ズッキーニの果実
Cucurbita pepo

ズッキーニも、セイヨウカボチャなどのいくつかのカボチャも、1つの同じ種の植物がさまざまに形を変えたものである。ズッキーニはフランス語では「小さいカボチャのなかま」という意味で、一般的には緑色の細長い形をしている。ズッキーニが実っていく途中では、果実の端に雌花が残っている。果実はこの雌花からできる。

— *planche 45* —

スターフルーツ（ゴレンシ）
スターフルーツの木の果実
Averrhoa carambola

アジア原産の漿果(しょうか)。やや酸っぱい味がする。皮が黄色くなってきたら生で食べる。ジュースにして飲んだりもする。水平に切ると、断面がきれいな星形になる。

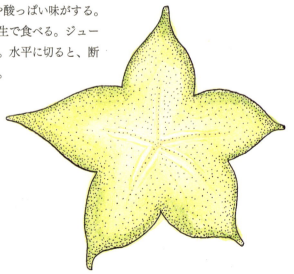

— *planche 46* —

ブドウ
ブドウの木の果実
Vitis（ブドウ属）

あまい味がする漿果(しょうか)で、房(ふさ)状(じょう)に実をつける。ブドウの房(ふさ)は、木の枝にぶら下がって実る。果物として食べる種類豊富な「食用ブドウ」とワインを作るのに使われる「醸(じょう)造(ぞう)用ブドウ」がある。

— *planche 47* —

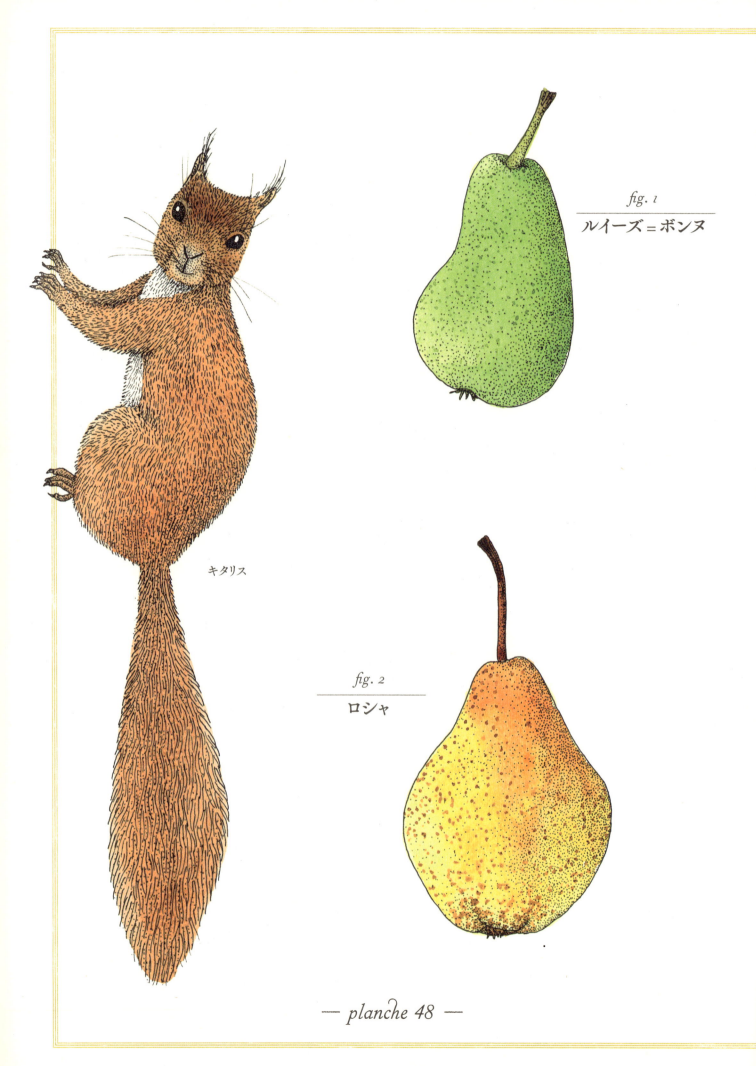

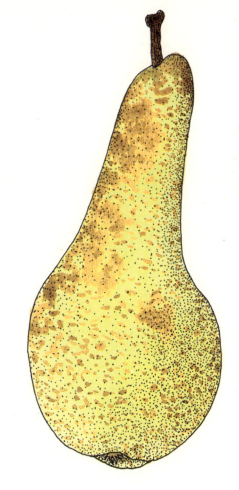

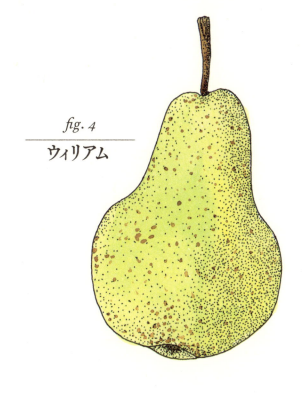

fig. 4
ウィリアム

fig. 3
アバット

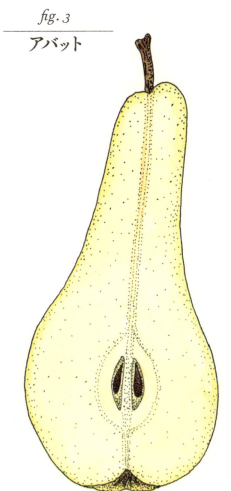

セイヨウナシ
セイヨウナシの木の果実
Pyrus communis

リンゴと同じグループの果物。実には種がある。種類がたくさんあり、それぞれさまざまな色の「ドレス」〔皮の色味〕をまとう。味はあまいかやや酸っぱい。

オクラ
オクラの果実
Abelmoschus esculentus

表面が絹のようにやわらかな果実。花は黄色で5枚の花弁からなり、開花後、実になる。実は上向きに立ち上がって生える。熟すと種を放出するために割ける蒴果（さくか）。生でも火を通しても食べられるが、10センチ以下のまだ若いやわらかい段階で食べる。

— *planche 49* —

マルメロ
マルメロの木の果実
Cydonia oblonga

マルメロの実は、表面が綿毛でおおわれていて、よい香りを放つ。果肉はかたくてしぶみがある。収穫してしばらく貯蔵し、適度に熟して果肉がやわらかくなれば、生で食べられるマルメロもある。主には、火を通してゼリーやジャム、砂糖菓子(さとうがし)にして食べる。

レモン
レモンの木の果実
Citrus limonum

皮の表面がなめらかで、果汁(かじゅう)は酸っぱくビタミン豊富な果実。あらゆる柑(かん)橘(きつ)類と同じく、レモンもアジア原産。ライムはレモンとは別種の果実。

— *planche 50* —

バナナ
バナナの木の果実
Musa（バショウ属）

売られているバナナは、厳密に言えば果実ではない。受粉していない雌花(めばな)が形を変えたもので、このため種がない。バナナは、どのような形であっても、かたまって（「房(ふさ)」と呼ばれる形で）、上向きに生える。

— *planche 51* —

パイナップル

パイナップルの果序

Ananas comosus

青い花をたくさんつけるが、花は1日しかさかない。花の一つ一つが小さな円錐形の果実になり、それらがピッタリくっつき合ってパイナップルとなる。このためパイナップルは1つの果序であり、花からできたいくつもの果実からなる器官である。この果物の名前は、原産地の南米の古い言葉で「香りの中の香り」を意味する。

— *planche 52* —

穀物類
それぞれの植物の果実
Poaceae（イネ科）

穀物の粒は果実である。粒がピッタリくっつき合って穂になるか、一つ一つの粒がひとまとまりで房のような形になるかのちがいはあれ、まとまって実る。

fig. 1

リベットコムギ またはデュラムコムギ
Triticum turgidum または *Triticum durum*

この麦をひいて作る粉は、パスタやセモリナ粉になる。パンを作るときは、パンコムギというちがう種類のコムギの粉が使われる。

fig. 2

トウモロコシ
Zea mays

トウモロコシの粒は全て残らず食べられる。そのままサラダにしても、焼いても、粗粉にしてもよいし、コーンフレークやポップコーンにしたりもできる。

fig. 3

エンバク（オーツムギ）
Avena Sativa

家畜の飼料として栽培されることが多いが、フレーク状にして朝食のシリアルで食べたりもする。

— *planche 53* —

fig. 4

オオムギ
Hordeum distichum

最も古くから栽培されてきた穀物の一つ。ビールはオオムギから作られる。

fig. 5

コメ
Oryza sativa

栽培には水が必要。むらなく水がひたる平地（水田）で栽培される。玄米として食べる方法と、玄米のうすい膜を取りのぞいて白米にして食べる方法がある。

fig. 6

モロコシ
（ソルガム、コーリャン）
Sorghum bicolor

アフリカ原産の穀物で、粒で食べたり、粉にして食べたりする。

ノネズミ

リンゴ
リンゴの木の果実
Malus domestica

数千種類ものリンゴが存在する。種のある果実。リンゴのまとっている「ドレス」はなめらかで斑点があり、色は緑から黄色、赤までさまざま。そのままかじって食べたりするほか、もっとも酸っぱい種類のものはシードル〔リンゴのワイン〕を作るのに使う。

fig. 1
ゴールデン・デリシャス

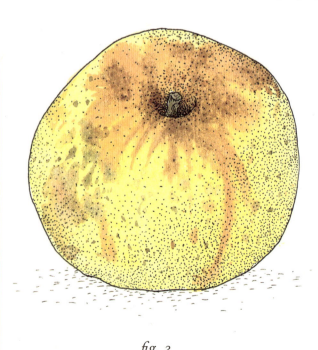

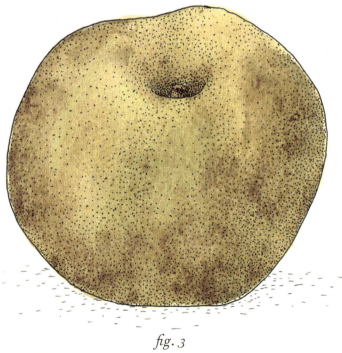

fig. 2
レネット・クロシャール

fig. 3
レネット・グリズ・デュ・カナダ

— *planche 54* —

チコリ
チコリの芽
Cichorium intybus

サラダ菜になる緑の葉の部分を切り落とし、根だけにして暗いところに置く。すると根のてっぺんのところに、芽がびっくりするほど大きく育つ。光をさえぎっているので、植物を緑色にする葉緑素が作られない。このため、芽は真っ白になる。この葉がびっしり重なりあった芽の部分を、生で、または火を通して食べる。

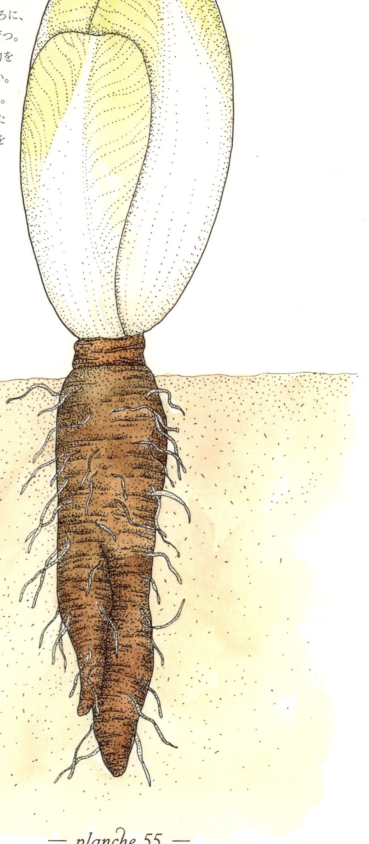

— planche 55 —

パティパンカボチャ
パティパンカボチャの果実
Cucurbita pepo

平べったい形をしたカボチャで、味はアーティチョークに似ている。最もよく見かけるパティパンカボチャは白いものだが、他に黄色や緑、オレンジ色のものもある。

— *planche 56* —

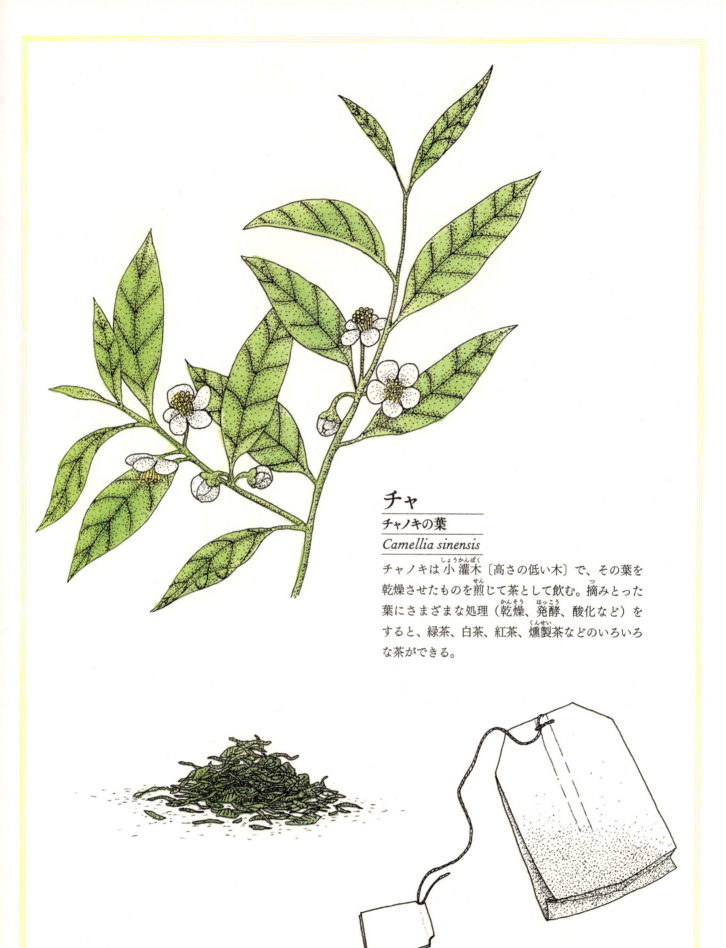

チャ

チャノキの葉

Camellia sinensis

チャノキは小灌木〔高さの低い木〕で、その葉を乾燥させたものを煎じて茶として飲む。摘みとった葉にさまざまな処理（乾燥、発酵、酸化など）をすると、緑茶、白茶、紅茶、燻製茶などのいろいろな茶ができる。

— planche 57 —

殻のある果実

「仁」と呼ばれる種の部分だけを食べるこれらの果実は、とてもかたい殻で包まれて保護されている。殻の部分は、ヘーゼルナッツのように乾燥した果実であることもあれば、クルミのように肉厚な果実の核であることもある。

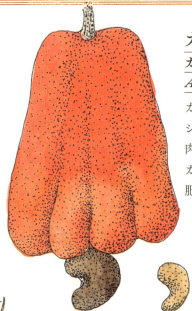

カシューナッツ
カシューの木の果実
Anacardium occidentale

カシューナッツの堅果は、カシューアップルと呼ばれる果肉の下にくっついてできる。カシューアップルは、花梗が肥大したもの。

fig. 1

クルミ
クルミの木の果実
Juglans regia

fig. 2

ヘーゼルナッツ
セイヨウハシバミの木の果実
Corylus avellana

fig. 4

fig. 3

ココナツ
ココヤシの木の果実
Cocos nucifera

fig. 5

ペカンナッツ
ペカンの木の果実
Carya illinoensis

fig. 6

アーモンド
アーモンドの木の果実
Prunus dulcis または *Prunus amygdalus*

フランス語では、仁のこともアーモンドというので、同じ言葉が果実の部分を指したり種の部分を指したりする。

— *planche 58* —

デーツ
ナツメヤシの木の果実
Phoenix dactylifera

とてもあまい漿果(しょうか)で、バナナと同じように房(ふさ)になって実る。核(かく)と呼ばれている部分は、専門家によれば実際は種とほぼ同じものとのこと。ナツメヤシは最も古くから栽培(さいばい)されてきた木の一つで、紀元前6000年頃にはすでに栽培(さいばい)されていた。

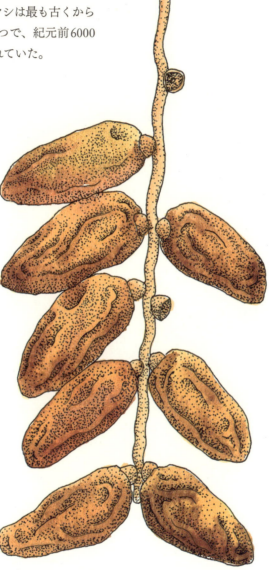

— planche 59 —

ジャガイモ
ジャガイモの塊茎(かいけい)
Solanum tuberosum

塊茎(かいけい)とは、植物にとっての養分をたくわえておくふくらんだ器官のこと。栽培(さいばい)するには、まず地中にジャガイモを1つうめる。数ヶ月後、うめたジャガイモから新しいジャガイモがたくさんできるので、地面をほりおこして収穫(しゅうかく)する。南米原産で、日本には1600年ごろにインドネシアのジャカルタから持ち込まれた。

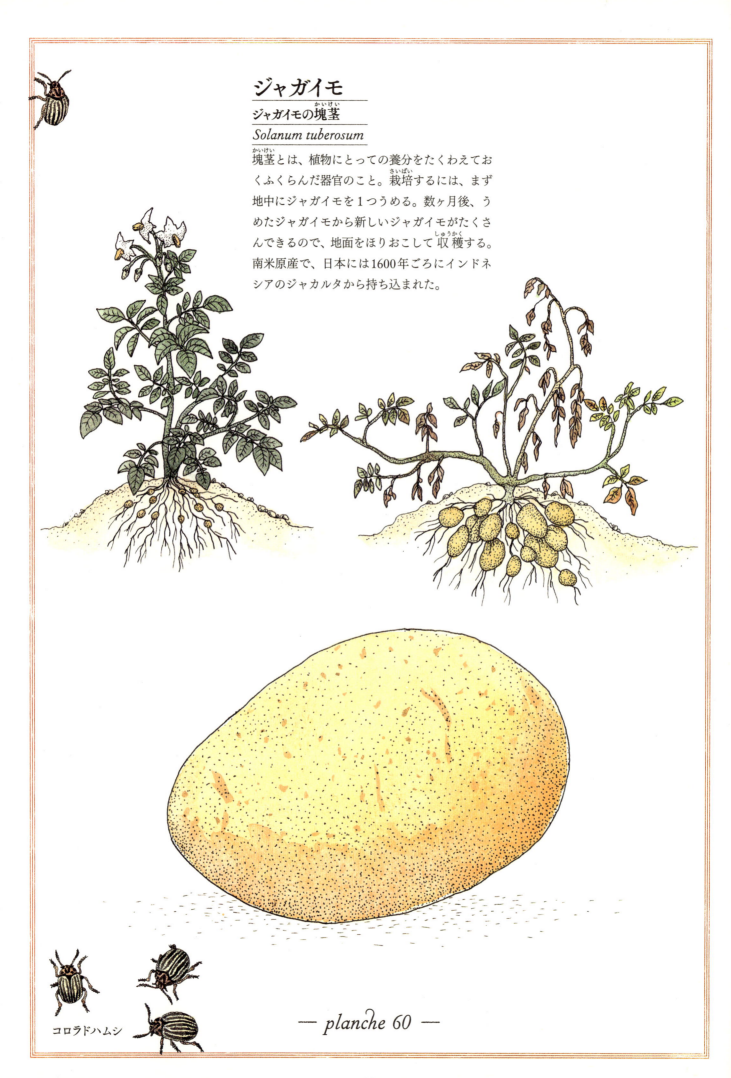

コロラドハムシ

— planche 60 —

セイヨウカリン

セイヨウカリンの木の果実
Mespilus germanica

丸くて小さな果実。実の上部には茶色がかった緑色をした萼が5本、残っている。萼は花にあったもので、実は花からできる。やわらかくなるまで、長い間おいておく必要があり、そうしないとおいしく食べられない。

— *planche 61* —

バニラ
バニラの木の果実
Vanilla または *Vanilla planifolia*

バニラの木はラン科に属するつる性植物で、「さや」とよばれる実をつける。さやの中には黒くて小さな種がたくさんふくまれていて、これがバニラの風味を生みだす。アステカ帝国(ていこく)時代のメキシコですでに使われており、スペインがアメリカ大陸に送った探検家によって、16世紀はじめにヨーロッパにもたらされた。

— *planche 62* —

カカオ
カカオの木の種
Theobroma cacao

カカオの実には、赤いもの、黄色いもの、オレンジ色のもの、紫がかった茶色のものがあり、カカオの木の幹に、じかに実がなる。実が熟すとマチェーテという刃物を使って収穫する。実の中には、30粒ほどの種（カカオ豆）が、白い果肉に包まれて入っている。この豆を発酵させ、乾燥させて、焙煎する。その後もさらにいろいろな処置をして初めて、チョコレートの原料となるカカオペーストとカカオバターができる。

— planche 63 —

キクラゲ
Auricularia auricula-judae
fig. 1

fig. 2
エノキタケ
Flammulina velutipes

食用キノコ
キノコは植物でも動物でもないが、れっきとした生物だ。葉も根もないし、実もつけなければ種もない。特殊な界、菌界(きんかい)に分類される。とはいうものの、この本にもキノコ紹介(しょうかい)のスペースを少しとってみた。

fig. 3
ハラタケ
Agaricus campestris

fig. 4
クロラッパタケ
Craterellus cornucopioides

fig. 5
アンズタケ
Cantharellus cibarius

fig. 6
ニセイロガワリ
Xerocomus badius

ハリネズミ

— planche 64 —

索引

アーティチョーク —— 41	キダチトウガラシ —— 23
アーモンド —— 66	キャベツ —— 40
アバット —— 55	キュウリ —— 49
アボカド —— 43	グリーンピース —— 47
アンズ —— 8	クルミ —— 66
アンズタケ —— 72	グレープフルーツ —— 24
イチゴ —— 20	クレマンティーヌ —— 12
イチジク —— 30	クロラッパタケ —— 72
インゲンマメ —— 50	香辛料 —— 23
ウィリアム —— 55	穀物類 —— 60
エノキタケ —— 72	ココナツ —— 66
エンバク —— 60	コショウ —— 23
オオガタホウケン —— 30	コーニッション —— 49
オオバアオサ —— 29	コーヒー —— 18
オオムギ —— 61	コメ —— 61
オクラ —— 56	ゴールデン・デリシャス —— 62
オリーブ —— 38	サクランボ —— 22
オレンジ —— 13	ザクロ —— 32
カカオ —— 71	サツマイモ —— 14
カキ —— 16	サフラン —— 23
カシス —— 39	サラダ菜 —— 45
カシューナッツ —— 66	ジャガイモ —— 68
カブ —— 35	食用キノコ —— 72
カボチャ —— 11	食用の海藻類 —— 29
殻のある果実 —— 66	ジローモンカボチャ —— 11
カラフトコンブ —— 29	スイカ —— 26
カリフラワー —— 40	スターフルーツ —— 52
キウイフルーツ —— 48	ズッキーニ —— 51
キクラゲ —— 72	セイヨウカボチャ —— 11

セイヨウカリン —— 69	ブラックベリー —— 39
セイヨウタンポポ —— 45	プルーン —— 36
セイヨウナシ —— 55	ヘーゼルナッツ —— 66
タマネギ —— 9	ペカンナッツ —— 66
ダルス —— 29	ペポカボチャ —— 10
チコリ —— 63	ホウレンソウ —— 46
チャ —— 65	マルメロ —— 57
デーツ —— 67	マンゴー —— 31
デュラムコムギ —— 60	マンダリンオレンジ —— 12
トウモロコシ —— 60	メロン —— 6
トマト —— 17	モモ —— 25
ナス —— 34	モロコシ —— 61
ニセイロガワリ —— 72	ライチ —— 28
ニンジン —— 7	ラズベリー —— 20
ノヂシャ —— 45	ラディッシュ —— 27
ノリ —— 29	リーキ —— 42
パイナップル —— 59	リベットコムギ —— 60
パッションフルーツ —— 32	リンゴ —— 62
パティパンカボチャ —— 64	ルイーズ＝ボンヌ —— 54
バナナ —— 58	レタス —— 45
バニラ —— 70	レモン —— 57
パパイア —— 15	レネット・グリズ・デュ・カナダ —— 62
ハラタケ —— 72	レネット・クロシャール —— 62
ビート —— 33	レンズマメ —— 44
ピーマン —— 19	ロシャ —— 54
ビルベリー —— 37	
ピンクペッパー —— 23	
フサスグリ —— 21	
ブドウ —— 53	